杨义辉 著

全国高等学校建筑美术教程

名校名师系列

同济大学·杨义辉

U0351959

陕西出版传媒集团　　陕西人民美术出版社

前　言

■　绘画是一门实践性与创造性两方面必须兼顾的综合艺术，因此首先要从临摹、写生开始，用理论结合实际，用辩证的方法去观察对象、表现对象。

■　本书是我长期从事建筑学科美术教学的个人体会与总结，它包括了我的写生创作与教学示范两部分。本着循序渐进、通俗易懂的主导思想来编写此书，以期适应专业工作者与业余爱好者的多方需求。书中的作品题材有江南水乡、民居村落、城市风光及名山大川等内容，多数是我常年带学生实习时所作的现场示范，从各个视角层面描绘了不同对象的表现技法和手段，并从取材、立意、构图及表现方法等方面进行了较详细的阐述、剖析，以便读者较快地获得理性与感性的认知与体悟，从而达到技能上的提高。如果本书对学者有所帮助与借鉴的话，那就是我编写此书的目的与初衷。

■　另外，同济大学出版社提供《风景素描表现》《风景色彩表现》中大量作品的出版权供本书使用，对本书的出版给予了强有力的支持与配合，在此深表感谢。

目　录

风景素描

素描基础知识

素描是一种单色绘画,如铅笔画、木炭画、钢笔画等,都可称为素描。由于工具简单、使用方便、表现领域广阔,因而在许多学习绘画的领域中,都将它作为培养造型能力的基本手段来进行训练。因此,也可以说它是一切造型艺术的基础。

利用这一手段不仅可以使我们认识各种自然形态,也可以使我们积累相关的专业知识去研究、重组,甚或创造新的形态,使之更具艺术性。所以,著名教育家契斯佳科夫称素描是"艺术中的高峰"。

风景素描,是指用单一的描绘工具,如铅笔或木炭笔、钢笔来对室外自然景象进行写生的绘画。通过画者的感受将自然界千变万化绚丽多姿的美用素描这一表现形式反映出来,给人以美的享受,帮助人们去认识自然,陶冶情操,从而提高艺术修养。一幅成功的风景素描可以世代流传,在画坛享有永恒的地位。

一、室内写生与风景素描

学习素描一般都先将室内的几何体、静物、石膏头像和人体作为写生对象进行基础训练。因为室内写生的对象可以按不同要求与进程进行布置,光源、视角都相对稳定,对学习素描打好基础创造了有利条件;也可以说,室内写生的目的与要求是尊重对象,如实反映客观,真实地再现对象,多客观少主观,多理性少感性。但在风景画中,除具备上述的基本能力外,还应具备对客观景物的组织能力、概括能力、取舍能力和"自我"的表现能力。在技法上,较室内描绘对象时主要运用一般排线的表现方法更丰富,"应物象形"地随不同对象形态而变化用笔、用线。例如,画柳树的垂丝扁叶与画悬铃木的粗干、齿叶,就有明显不同的用笔方法;而清水墙面与混水墙面的不同质感,仅靠大面明暗的涂皴而不加笔触就很难表现出来。若被强调的画面主体趣味中心正好有杂乱不堪的"糟粕"夹杂在其中,那就必须把它们舍去;画面如失去平衡,"引进"合理的东西进入画面,则更是在写生风景素描时一种不可少的手段,也就是融入感性成分进行再创造。

虽然风景素描包含了整个室外空间的种种自然与人文景观,表现的对象极为广阔,需要掌握的技能十分丰富,但是只要通过正确的训练方法并不断提高审美意识,就能逐渐掌握绘画的规律。我在建筑院校从事四十余年的素描教学经历中,体会到风景素描必须具备如透视知识、比例关系、明暗表现等室内写生的基本技能,在风景写生中还要懂得构图、表现方法、作画步骤等方面常识,才可以在短期实践中达到较好的效果。

由于风景画的题材多样、内容丰富,所要表现的场景有可能不适宜入画,它们不像室内静物画那样经过摆布和设置,也没有经过删减和挪移的处理过程,因此风景画在确定写生的题材后,还有一个对对象进行选择、挪移和删减的过程。这样就得从构图开始考虑,确立

画面的主体中心，围绕中心对周围物体进行删减、挪移，考虑在明暗关系上哪些部分应加强、哪些部分应减弱，确定哪些部分需要深入刻画，哪些部分需要简略表现等等。这些决定都要通过观察、认识、理解才能获得，然后才能开始作画。所以说，风景画仍然以客观实际为基础，通过主观上对诸多因素的思考与取舍，用技法将对象表现出来，这样的写生方法才是辩证的观察与表现方法。

二、构图

构图在中国画论里称为"经营位置"，也称布局。我们说构图，就是将已决定表现的对象按美的原则组织到画面上去。

同样一种题材可用多种构图形式去表达，但不同构图的效果不尽相同。因此可以说，构图是一种艺术。如果要将构图讲透或限定于一个公式，那只能束缚了写生时的感受，是一种机械唯物观；但如果不依据一些基本规律去从事写生，那也会感到无所适从。所以说，构图原理并不是数学上的一加一等于二，构图是具有灵活性且随着画面题材变化的，它应该是将题材更完善地强调出来的形式。这里将构图的基本要素阐述如下：

主体：一幅画要有主次之分，要使视线集中于画面的中心主体部分，形成一个趣味中心。它可以是一种物体的局部或是多种物体的组合。一个学习绘画的人，即使有能力完善地表现每一个物体，但是如果不能对画面的主次关系用线条、块面、明暗、虚实或繁简等手段表现出来，那么，这幅画仍然不能称为完整画面。绘画者在这方面的艺术修养、理性认识与技巧表现都是非常重要的。

变化：自然界的物体充满了各种变化，如材质的差异、形状的大小、线条的曲直、色调的冷暖、明暗的强弱等，那么在表现上就应有所不同，其中的规律就是变化。变化包括线条、面积、色调、空间、质感等方面。如果在一幅画面上少了这些变化，那么，这幅画给人看了就会感到很乏味、很平淡。

条理：绘画是一门充满矛盾的学科，只有矛盾的双方同时出现在画面上，才能给人以丰富、耐看的感觉。这就要求培养辩证的观点，并运用这样的观点看待对象。同一对象由于所处的环境条件不同而有所区别，黑色物体受光照射，高光部分就变成浅色甚至白色，而白色物体在暗处则变成灰黑色就是这个道理。画面的变化越大，矛盾就越

多，因此变化应是有限度或是有条理的，这里就要讲究变化的节奏，即线条、色调和形式有规律的重复和连续性。具体来说，就是要把线条、色调合理地安排于画面上，使画面空间处理恰当，线与块面有重点与连续性、集中与分散的布局恰当等等。

均衡：在选择题材的各个景物时，要注意景物之间的联系和平衡关系，否则就不可能得到构图上的统一。构图中的每一个物体对视线都有吸引力，对画面中的其他物体也都会产生一定的吸引力，不加注意，就会使画面产生不稳定、偏心，甚至主次颠倒的"动荡"效果。这里讲的均衡绝不是对称，不是天平式的左右对称，如果那样，画面就会产生缺少变化而呆板的感觉，更会形成教条式的公式化误区。这里

的均衡实际上是人的视觉感受，不是以实体轻重来衡量的，它是杆秤式的平衡关系。例如，距离支点近而质量较大的物体与距离支点远而质量较小的物体形成均衡效果。跷跷板式的平衡运动也可理解为画面构图上的均衡作用。只有这种关系灵活运用在构图中，才能给画面以更多、更丰富的变化。可以从色块面积安排线条的运向和疏密、各种物体的位置及空间的占位来取得画面上的均衡。

三、写生方法与步骤

第一，题材选择好之后要进行仔细的、多角度的观察分析，了解对象的形体结构特征，对它进行深入的认识和理解。在观察的过程中通过对诸多因素的思考与认识，得到较完整的印象之后，才能进行描绘。同时，在表现过程中，仍然要继续深入地再观察，有时甚至会否定最初观察的认识。这是不断深入描绘的必然过程，决不能"一目了然"。所以说，学会看对象，学会用正确的方法观察，是写生重要的第一步。而"看"就是看对象的整体及各个方面的相互联系，如物体之间的比例关系、明暗关系、主次关系、透视变化等。人们常说"不会画"，不能仅仅认为是讲不会作画。因为画画是一种技法、一种手段，而学会看，则是对物体的理解，是指导手去"画"的根本方法。因此可以说，只有眼高，才能手高，没有正确的观察方法，怎么能指导手去完成一幅好的画呢？

第二，当第一阶段的整体观察、认识完成后，就可以落笔构图了。对初学者来说，最好作几幅极其简单的小幅构图稿，从中进行比较，选择一幅再完成正稿。起稿时，宜用轻松浅淡的线条将对象的外轮廓位置定下来，通常称为定位线；然后在此基础上将每个物体的轮廓勾勒出来（包括主体物体的结构），近景、中景勾得详细些，远景可简略。轮廓勾好后，从画面已能看出所要表现的题材内容了。

第三，找到光线的投射方向，粗放而写实地涂出大面的明暗关系。此时的画面可能会很灰，毫无层次感，但只有在一片灰调的画面上，才能比较出哪些部分还要加深，哪些还要提亮，有比较，才能鉴别；接下来再将该深的部分再涂一次，该虚、模糊的部分，此时可用软质纸轻轻揉擦一下，让线条变成一片灰调子。此阶段不要考虑笔法，经两遍涂大面明暗调子之后，画面的空间、层次、体积感已能初步形成。

第四，完成了大面的明暗调子后，可对每一个部分进行细致刻画。如何运用不同的笔法、笔触表现对象的各个部分，是这阶段的重要课题。因为对象形体差异、质地不同，除了靠它自身的明暗规律外，还需要相应的笔法体现它，只有熟练、准确而流畅的笔触，才能使对象真实，画面生动。但如何掌握笔法，确实需要一个较长的训练过程。这本画册里所用的笔法是将各种型号的铅笔削成扁宽不同形状，以宽线条来对物体进行表现，有时辅以细线条。这样的用笔更有概括性、立体感，且有一定的分量，对质感有一定的表现力，能达到较好的画面效果，而且初学者易掌握。但在深入刻画阶段，应该提醒的是，除了考虑如何运用笔触外，更重要的是要"胸怀全局"，即刻画局部时不忘整体，涂调子不是将眼睛所见到的对象一一搬上画面，也不是愈仔细、愈深入就愈好。实际上，应是带有理性的认识处理对象的各个部分，正确的写生过程是虚眼看整体、看大面，睁眼看细处、看局部。对绘画的理解以及审美修养的高低，此时就应该完全体现出来了。

第五，当上述阶段完成后，应该说一幅风景素描写生画基本完成了，但为了使这"风景"更能"如画"，还必须做最后的调整，如画面中心主体是否形成？是否喧宾夺主？远、中、近三大空间距离是否拉开恰当？物体的质感和量感表现得如何？这些都要作画者做最后的斟酌。

画法步骤图解

步骤图解例一 / 上海城市一隅

高耸的西洋建筑沐浴在晨曦的阳光里，形成了左右两大面的强烈明暗对比，受光的建筑细部明显、突出，画时宜深入细致，暗部则显得朦胧含蓄，要用简练概括和减弱对比的手法来处理，地面的人物、车辆可视氛围的需要适当添加和删减。

步骤一

题材确定后，做几幅简单的小构图，如：从视平线高低、主体位置安置、分割面积大小等进行比较，要使画面构图合理，轻重均衡，富有变化。

步骤二

按照视平线的高低位置，然后以此为依据画出对象的形体、轮廓、透视、走向等，并勾出各大面的关键转折部位。

步骤三

按光源投射的方向，涂抹大面明暗。用较软铅笔勾勒轻松、自然的线条，画成灰色调，再深入比较，用明显的线条、笔触来刻画各部分，拉开空间距离，体现一定的质感。

步骤四

画出受光部及背光部的建筑细部，并细致深入受光部分，暗部从简。画面完成后，再审视一下它的整体效果如何，如：主体是否突出？画面的重心有否失重？虚实关系表现是否恰当？空间、质感表现得是否充分？

步骤一

步骤二

步骤三

步骤四

上海城市一隅

步骤图解例二 / 临水翘角亭

传统的四角亭造型玲珑剔透富有变化,安置于水边更是相得益彰,背景的大片树丛陪衬,使其更为出挑。

步骤一

决定水平线的高低,天空面积略高于水面,使背景的树丛有更多的表现,以增强其气氛。

步骤二

仔细勾出主体翘角亭的结构,注意翘角亭的抛物曲线,符合结构关系。

步骤三

用松软铅笔轻轻涂线条,将背景、水面及亭的暗部,抹成不同明暗的灰色调,留出最亮部。

步骤四

深入比较各部的色调差异,再进行最后的加工,使画面的空间感强、形体流畅、材料质感等都能较完整地表现出来。

临水翘角亭

步骤图解例三

/ 渔家唱晚

两幢坡顶民屋平行而立，白墙黛瓦正沐浴着阳光，与其倒影相映成趣，远方树丛高低起伏，一幅天然渔村的画面映入眼帘，激情挥舞画笔，以解渴求。

步骤一

主体为两幢坡顶的民屋，放置画面中心，注意透视走向，分割出各部分的比例结构。

步骤二

大轮廓完成后，进一步构成各个细部，此阶段可按画面的效果需要对对象进行取舍和挪移。

步骤三

用软铅排线，涂出各大面的不同明暗色调，并进行比较。

步骤四

轻轻揉擦各大面成不同明暗的灰色调，局部可再加深，用明显的笔触刻画各个细部，直到整个画面完成。

渔家唱晚

　　乘小帆船沿江漂游、采风，偶见此景，为渔家歇憩处。拍几幅小照，经组织选其最佳角度构成此图。删去一切繁乱、琐碎，将沿河两屋重叠前后仔细描绘。明暗两大面将丰富的各细部统一定一基调，背景的树丛是衬托环境的组成部分，用团块画出整体效果。河面上大小两船各居一侧，角度不同，增加了画面的动感。横七竖八的竹竿、木桩则用了留白和一笔涂暗的手法来处理。

步骤图解例四 / 石栏杆的节奏

周庄地处江南,百年古镇民居鳞次栉比,粉墙黛瓦高低错落,小河迂回,桥下咿呀摇橹声不断,沿河石板小路略显起伏,石栏伴随期间,形态各异,有如音符起伏跳动,富有变化。

步骤一

先决定视平线的高低位置,选择最好的视角构图。左右上下移动,勾几幅草图进行比较,最后决定将石栏杆作为画面重点,表现其特征,所以将尽端远处放置略高一些。右侧楼屋是水乡的基本类型,必须表现充分一些,故在画面上留下大片的面积来画。左侧墙面是为了画面均衡,增加空间层次而挪移入画面的。

步骤二

画出对象的轮廓及细部。

步骤三

按光源投射过来的方向,将各背光部,用较软铅笔轻松自然的线条涂抹成灰色调,再深入比较彼此的明暗关系。用明显的线条、笔触来刻画各部分,拉开空间距离,达到一定的质感效果。

步骤四

进一步刻画细部结构及做最后调整,使画面达到统一和完整。

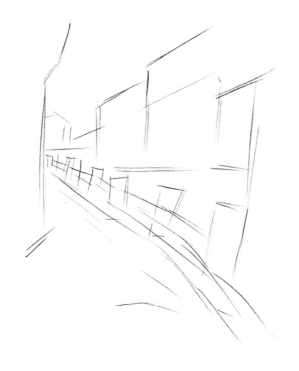

步骤一

步骤二

步骤三

步骤四

石栏杆的节奏

步骤图解例五 / *嘉定石桥*

一座玲珑剔透造型活泼的小石桥，连接着两岸民居，它高低起伏、错落有致，紧凑而自然，是江南一带常见而具有特色的一道风景线。

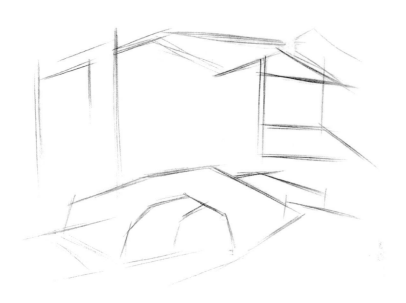

步骤一

　　以石桥为主体安置于画面的偏下部位，使后屋能较完整的表现出来，留出少些的地面，使其体现近、中、远三个空间。

步骤二

　　用松软铅笔涂出各面的基本色调。

步骤三

　　比较各大面的色调差别度，该深部还可加深，拉开层次空间。

步骤四

　　各大面明暗基调完成后，用明显的宽笔触刻画细部，使石桥明暗对比强烈、笔触肯定，背景可适当简略、虚化。

嘉定石桥

选景示范

选景示范例一／民宅院门

　　这是皖南乡村的民居，因年久失修，具有明显的肌理效果。主体的门斗全部处于暗部，因而更加含蓄而富有变化。在构图上如取竖式，则左右就删去很多，显得局促，因此取横式构图为宜。但主体门斗略放宽，墙体延长并压低，屋顶删略，以使主体突出并显稳定，后面高层增加空间层次。木板门用宽线条一次完成。两侧的柴草部分最亮处可先用金属硬棒划几道，再涂暗部时，划过的地方则形成自然的白道。这种方法表现柴草时很自然、生动。暗部先排线涂大调，再用柔软纸张轻擦成灰调，然后用宽细不同的笔触刻画形体细部。

选景示范例二 / 厅堂一角

这一题材本身充分反映了徽派建筑的木雕艺术与建筑功能的完美结合。生活道具很自然地安放在环境之中,一线阳光从室外射入,加强了内外空间的明暗对比效果。构图重点表现门厅,因此以竖向构图更为集中,使额枋上沿有舒展余地,且强烈的阳光从室外射进,形成了非常明快的光感效果。表现时,应将墙的暗部也画出层次来,地面阴影部分的地砖要恰如其分地表现出质地与结构,以四周画虚的方法来突出主体。

选景示范例三 / 溪畔石桥

　　一幅山间溪流石桥图，给我们带来了宁静、古朴、悠闲的情调，不禁使我们想起了"隐隐飞桥隔野烟，石矶西畔问渔船，桃花尽日随流水，洞在清溪何处边"的诗句，正是对这一图景的绝好描述。粉墙、青瓦和廊柱、石桥都是素描表现的极好对象。这里选择了以石桥为主，侧屋、大树等为辅进行描绘。左侧瓦屋取其部分，石桥右侧延长一些，近处的地面和草丛将桥推向中景，这样的处理构图就较显完整。地面、草丛、石桥、瓦屋和远处的树丛、木栅三大空间要注意在刻画上有繁简、轻重、虚实之分，从而使如此复杂的题材也可以用一种单色素描，完成其丰富而又统一并具有强烈空间感的画面。宽细线条结合运用，最亮部在全部完成后以橡皮擦出。

选景示范例四 / 公园之秋

　　以歇山翘角伴以半壁白墙的亭
子，在大片树丛的衬托下，更显得玲
珑秀丽，水中倒影与实体相映成趣。
因树丛繁多高大，为更充分表现它而
将亭子放置于画幅下部偏左的部位。
一条小路横贯左右，将亭、树、人物
连成一体。表现时，将亭子的白墙赋
予最亮点，伴以屋脊与之呼应。后面
的树丛是这幅画成败的关键，要丰富
而不烦琐，有层次而不杂乱。因此，
在表现时将其分成两大部分，前部暗
调，后部灰调，亮处的树干、树枝事先
用硬质工具刻出最暗部，最后完成的
树冠形态是用橡皮擦去多余的部分
而得来的。

选景示范例五 / 小巷

　　这幅画大部分景象处在暗部，因此要把握好暗部的层次。照片构图左右太开阔，主体的圆拱门显得太小，因此将距离拉近，使拱门及邻近的墙体细部皆清晰可见，刻画的内容也就丰富了。注意拱门与远处皆为白墙，因此要将远处白墙涂上浅灰调子，以增加前后的空间距离感。大片阴影先涂上排线调子，然后擦成灰调子再深入表现细部。

选景示范例六 / 齐山云道

　　随着游兴的遣使,踏着疲惫的步伐,继续向皖南的齐云山顶峰前进。在途中偶见道观旁的两座旧屋,由破旧不堪的过街楼联系着,朽木柱、破青瓦、久已剥脱的粉墙,还有崎岖不平的山道、石板路……自然地组成了古朴、协调而略带颓废情调的人文景观。这是表现素描技法的绝好题材。回眸细观,山道下斜,相互支撑的旧屋墙体变化甚多,青瓦的排列无章尽入眼帘。因此选择了立幅构图,更能体现画面的趣味中心。表现时,用粗犷而放荡不羁的宽线条将木柱、青瓦、栏栅等尽情刻画,远树与近墙则虚中有实地体现出对比效果。尽量放松画面下端对象的表现深度,这在风景素描中是不常用的一种手法。

选景示范例七 / 工地之晨

　　市郊的冬晨，笼罩着一层薄雾，已近竣工的高层建筑显得依稀朦胧，与前景的工棚、地面自然地形成了两个空间层次。未经修饰的树枝与矮冬青相扶相依，点缀了建筑工地的气氛，自然地形成以远景建筑为中心的画面。表现时要使其不太"空"，又不宜太"跳"。土坡起伏，树枝杂乱，都要用粗犷流畅而自然的笔触完成，形成高矮对比与前后对比。

选景示范例八 / 河边人家

一排砖瓦结构的临水小屋，在外形上虽无引人入胜之处，但在局部的处理上颇具匠心。水榭式的房屋"走"出了平地，水埠的左右穿插纵横，两三根组合的水桩好似跳动的音符，大小不同的窗扇高低错落给平行的墙面增添了丰富的变化，构成一幅充满生活气息的图画。在构图时，天空可少留些空白，而水面要多留一些地方以表现水与倒影，强调水上人家的环境。这一题材在描绘时应建立主从关系。中间的板墙房屋作为画面的中心来处理，用最暗的调子画开启的门和遮阳布的阴影。两侧土墙不能再如实际那样强烈，应排上灰调子使之推远，一些生活用品也要相对集中在主体房屋周围。这些处理手法是完成一幅较好作品的必然考虑。

选景示范例九/别墅

　　玲珑剔透的别墅,伫立在初阳之中,迎着阳光的白粉墙在暗面的衬托下显得十分明快与清晰,高树、矮枝、小草布满四周,幽静的环境令人向往。主体的体现要依托于基调深暗的绿化部分,而有选择地选取入画内容则是表现这一题材的重要因素。朝阳的投射方向用潇洒的水平长线条来表达投影,以显树影婆娑之感。

选景示范例十 / 上海外滩之晨

在描绘大场面的城市街道景观时,应事先做出哪些要哪些不要的选择,特别是道路上的交通工具、行人、绿化带等,都要做统一安排。为了充分体现高大建筑群的造型,一般不宜在近景处安置汽车、树木等,否则将因透视原因而占据了画面的很大部分,场面表现受到影响。此幅实地照片的汽车就给人如此感觉,因此,在构图时,将其缩小推远。在勾出大轮廓后,按光源方向将暗部涂上基调,远处要虚,少用跳动的笔触。建筑物上部可清晰实在,下部可模糊放松,若阳光投射强烈,还可用橡皮最后擦出几道光带,以增加画面的气氛。一切烦琐不足以反映气氛的东西都应删略,留下的细节也应适当概括,以达到统一的整体效果。

选景示范例十一 / 水乡情

　　弯弯曲曲的河道，鳞次栉比的民居，咿呀而过的摇橹声，埠边的捣衣妇，组成了一幅水乡风情图，画家因此而动情也是理所当然之事。由于房屋紧紧相连，难有主次，因此，在构图上要将对岸的主体建筑适当提高，删减部分紧挨的房屋。左侧近屋约占画面三分之一，由于它的形体明暗变化较大，可以使画面左右得到均衡。河堤的一根透视线借一小舟来打破其单调感。此幅画特别注意远近的空间处理，水面部分先涂大面，用软纸擦匀再加深，并擦出水的涟漪及反光。

素描作品

杭城孤山

　　俯视杭州城的孤山，一切美景尽收眼底。独具匠心的庭园布局不因表现众多的景象而忽略了中心的表达。近景的大树与假山石表现得细微、深入，这也是白描的基本要求。将近、中、远三景的层次用深浅、繁简、清晰与模糊来区分，要求结构、形态准确到位。

曲阜古柏

　　沧海桑田，世事
变迁，这棵千年古柏
的苍老树干被刻上了
纵横的岁月；而背景的
传统建筑又倾诉着古
柏的生长环境。古柏
需要深入刻画，而建
筑宜概括简洁。

半月潭斜阳

　　皖南古村落中当数宏村最为出名,而半月潭更堪称其经典之作。围绕荷塘周围的古民居将其历世古韵尽情表露,水边的旧宅院在夕阳西下之际仍被映照得温馨和谐,而门前的凹形布局虽处暗处,仍需画得丰富,因为它毕竟是画面中心。屋顶两端的树也受到一抹斜阳的照射,更衬托了与墙面的对比关系,是不能放弃的表现机会。

河畔人家

　　一处河畔民居的建筑局部,细腻而沧桑。只要用多种不同的笔法仔细描绘各个组成部分,就能使画面生动而耐人寻味。

屏山民居

　　弯弯的河道两旁矮屋相倚,石板桥相连形成了画面的线条变化。石块垒砌的墙基为近景,要细致刻画,而远处则淡化过去。一棵近处的枯树取其局部,因其不宜太"跳";而远景的高墙仅将屋顶、墙及窗略淡化就能表现其深远意境。几个人物的点缀更丰富了画面的生活气息。

沙溪河边

　　临河的建筑前，两棵造型生动的树干特别显眼，相比之下，后面建筑则有陪衬之态。但从画面的整体效果着眼，它们是相辅相成、必不可少的。树的深入刻画、中景建筑细部的重笔描绘，表现亦是如此。看似枯竭的老树在顶端又有轻描淡写的嫩叶出现，是绘者赋予它的生命再现呢，还是因画面的需要而设置？这都是写生时需思考的问题。

屏山村头

　　这是一幅带有速写味道的素描作品，即兴而作，用简练的、不同明暗的、繁简有序的表现手段来完成。线条虽少，但表现对象却很丰富，在下笔前最好"胸有成竹"。

柯桥

　　江南水乡的石桥, 内廊板墙、小青瓦、码头等元素, 构成一幅美丽动人的水乡人家风景画, 如能把握好主次关系, 点缀一些生活道具则更具生活情趣了。

沸腾的工地

　　沸腾的工地现场，要画的东西实在太多，在择取题材时一定要筛选，纳入与生产环节相关的部分。远景仅是气氛的烘托。这一幅作品多用素描基础的皴擦排线来表现，以达到更细微、更耐看的画面效果。

浦江之景

　　这是一幅作者的创意构图，高耸的明珠塔要成为远景，必须在前景上作细微处理。基调深暗，一棵冬日枯树与高塔遥相呼应，颇具动感。大广场的地面与塔的底部用橡皮擦去细部，更增强了冬日晨雾弥漫的效果，也将高耸的电视塔推向远处。

戏台

　　古戏台的建筑细部更能显出中国传统建筑的特色。丰富的造型、适当的比例以及屋檐起翘的透视感都要认真观察、仔细表现,而下部的假山石与绿色植物又是不可分割的一部分,两者都需统一起来。远处的建筑则要放松表现力度,才不至于喧宾夺主。

西塘

　　小河流淌，绵绵不断。青瓦、板墙高低错落的民居建筑，迂回于狭窄的碎石小路两则。河道偶有

石桥相连，形态各异。临河水埠的捣衣声和咿呀而过的摇橹声，声声入耳……

金山寺远眺

　　题材复杂，画时应注意中景建筑群的整体性，虽有明暗，但仍要处在一个中景的层面。近景的树木可以画成"剪影"式的形态，不多表现其立体感。远处的树丛，笔法扩散、活泼，亦不重其立体感，因为这些只是为了烘托建筑群的气氛。

沈厅

　　沈厅将小巷两侧的过街楼连接起来，形成画面的中心；地面石板材质的表现增加了江南小镇特有的韵味。

扬州船闸

　　规则而严谨的形体透视是表现这类题材的重要部分。一些建筑局部多用宽线条以慎重而肯定的态度完成，留白的地方也是为了画面效果而处理的，而厚重的闸门只有用沉重深暗的笔触才能较好地表达其质感和中心地位。

水 彩

水彩画基础知识

一、水彩画的特性

水彩画是以水为媒介，通过色与水的融合在特制的纸张上写生的一种绘画。由于水彩颜色的透明或半透明性和水的可溶性，使画面呈现透明、轻快、滋润、柔和的效果，具有其他画种达不到的特殊意趣，加之用具简单、携带方便、抒情性强、表现技法多样，故而深受人们的喜爱。同时，它又近似于中国传统的水墨画表现形式，易被人们接受和理解。水彩画的魅力在于其"水意之酣畅、色彩之洗练、用笔之洒脱"，灵活多变地表现事物。它的绘画语言可表现流动的韵律美、朦胧的诗意美、清澈光亮的纯净美和飘逸潇洒的笔法美，当然要达到这些效果，必须熟练地掌握时间、色彩和水分。

水彩画以水来稀释颜料的彩度、纯度和透明度，这与水粉画、油画用白色来达到这个目的是不同的。因此掌握水分与颜料调配的比例是一个难度较大的技术操作过程，而掌握画纸上的水分、湿度又是上色时与色彩浓度需要同时考虑的问题。春、夏、秋、冬，阴、晴、雨、雪的季节和天气变化也影响作画时的时间控制。所以说，色彩的调配、水分的利用、时间的控制，在作画时是三者之间关系的对立转化统一的过程，只有不断地探索，逐步掌握规律，积累经验，才能挥洒自如、得心应手。

二、水彩画的工具

纸：水彩画应选用专用纸张，要求坚实，耐水浸，色面白，有适当的吸水性和色的滞留性，涂上色可稳定笔触又能渗化自如。如果色被全部吸收就无法渗化，如果游离不定，色便无法控制。纸质厚实更好，刷水后不易凸起，便于作画。表面有粗、细两种纸纹，可根据需要和习惯进行选择。

笔：有一定的要求。笔进水后要求能恢复原状，有一定的弹性；含水量大，毛质不软不硬，狼毫与兼毫较好。国画中的大兰竹、衣纹笔较好用，羊毫及羊毫扁笔、底纹笔皆因习惯而择用。

颜料：专用水彩色。色透明易溶稀且有渗化性，色长久不变为佳品，胶性、粉性太重易滞笔，欠透明也不佳。国内液体颜料较固体的好。色本身亦有全透明与半透明之分，群青、土黄、赭石等色略有沉淀。

三、两种基本的表现形式

水彩画由于颜料透明、亮丽，因此其覆盖效果不如油画、粉画来得明显，这就给刻画对象带来了麻烦。一般是要严格遵守颜料的自然属性，先从明部、亮部开始，逐步重叠形成暗部，若在暗部覆盖亮色、浅色效果不好，并会使画面晦涩与脏暗。

由于对象的形体、结构、受光强弱、季节变化等因素的影响，画法也要有所不同。如阳光下的建筑石阶要用干画层层加暗，雨、雾景

干画法

的模糊淡化要用湿的接色法一次画成。面对不同的对象、不同的环境、不同的条件采用不同的表现方法才能达到理想的效果。因此，我们将水彩画的表现方法基本上分为干画法和湿画法两种。

•干画法（层加法、重叠法）：依照对象形体的明暗层次，用多次加色来刻画。即先铺亮色，待干后逐层加深色，一般加三次为宜，覆盖太多易灰、脏。叠加从大面层加开始，逐步缩小范围，最后点彩完成。这种画法适合表现光感强烈的对象和复杂形体，能深入细致地表现对象。整个绘制过程都是在画纸干的情况下进行的，要养成落笔不改的习惯。

湿画法

•湿画法：将画纸用清水涂一遍，或者将画纸浸没在清水中，四五分钟后取出平贴在玻璃板上，这样纸张可以更长时间保持潮湿，然后吸去纸张表面的积水。所有的写生过程都是在潮湿的纸张上进行的，层加、接色、重叠都可一气呵成。最后的效果是形体模糊、朦胧、光感较弱、色调柔和含蓄，多用来表现朝霞、雷雨、晨雾等天气。这种画法应先胸有成竹再落笔，过程与步骤清晰、大胆、肯定。

四、其他辅助画法

渗透法：是一种重要而常用的水彩画技法，用水的渗透性将不同的颜料衔接起来产生渐变的效果，使其自然、柔和、滋润，如天空的云层表现、天地间的模糊连接处，都靠水色渗透完成。

干湿结合法：此法多用于写生画。因景而定，或局部使用，有时在一个部位接色湿画，如幽暗的门洞或模糊的远景；近景明暗反差大、质感强、形体复杂，

渗透法

平涂法

干湿结合法

刀刮法

则可用干画法逐步表现。

平涂法：用色彩、明度、笔触的变化去涂抹平整的大面，使之产生耐看、有韵味的效果。

刀刮法：因面积小而无法留白时，可在画面已干的情况下，用锋利小刀将已涂色部分刮去，留出所需的纸张白底，如喷泉、飞瀑、强反光、高光等部位。纸质松软慎用此法。

喷雾法：在画面没有完全干的情况下，用喷筒将水喷洒在画面上则可造成一种形态模糊的感觉。但画面色彩已干或太湿也达不到效果，甚至会破坏画面。

浆彩法：是将颜料中掺和少量的糨糊或甘油，用水调和作画的一种方法。此法容易控制水分的渗化与流动，笔触明显，绘画坚实、块面清楚的对象比较适合，有油画的视觉效果。

黏压法：在玻璃板上涂上颜色，用较光滑的纸平压上去再揭起，画面上会产生难以预料

喷雾法

浆彩法

黏压法

撒盐法

的抽象的纹理效果，根据其肌理补景即成画面。这种画法偶然性强，如带有创作目的使用此法作画，则成功的几率较小。

撒盐法：在画面已上好色彩颜色未干的地方，撒上细盐，数分钟后即因盐的渗化而产生一种如雪花飞舞的特殊肌理。近年来，常有画家用这种方法来表现飘舞的雪花。撒盐后亦可摆动画板，使其产生不同的白斑，表现不同的风向效果。

涂蜡法：在不便填色需留白的部分，先用普通的蜡笔在这些部位涂上白蜡，再上色时，有蜡的表面就不会被染上颜色，而是留下蜡笔画过的白色形状，并有枯笔的效果。这种技法用来画受光的树干，反光强的物体和小面积的受光面皆可。

涂蜡法

点洒法

点洒与涂蜡结合法

点洒法：用调好颜色的水不经意地自然点洒在画面所需要的地方，造成一种潇洒而多变的色彩效果，如画田野中成片的油菜花或山谷中野花烂漫的景色。这时不作具体刻画，关键在于营造一种氛围。

洗涤法：是指洗掉画面已涂上色彩的部分，重新上色的一种技法。先将清水滴一些在画面上，稍等片刻后，用干净的笔或海绵将已有的颜色吸去，再另外涂色。有时候被洗部分轮廓较模糊，有朦胧感。画天空或远景用这种方法比较好，但较差的纸张不宜反复擦洗。

接色法：即从一个面转到另一个面，或一种色转到另一种色的渗透衔接画法。

枯笔法：在国画中称之为"飞白"的技法。用较干的笔蘸上浓少的色彩，快速在画面上涂抹，使画面产生一种枯涩感，多用于画粗糙的石块、斑驳的墙面和物体或水面的高光。

以上简要概述了水彩画的一些表现技法，要想运用得恰到好处还需要不断地探索与思考。总的来说，水彩画写生需要严格按照科学规律与作画步骤进行，不可自由随便；意在笔先，才能笔笔有成效。

五、水彩画的作画步骤

风景写生是锻炼造型艺术的一种手段，使我们从自然界复杂的对象中培养敏锐的观察能力、概括能力和色彩表现能力。写生时的作画步骤应该是先观察、感受、理解，再立意、构图，之后确定画面的主次关系和近、中、远三大空间层次，决定画面基本色调，然后进行具体描绘。

洗涤法　　洗涤法

　　1. 构图：位置经营好后用淡铅轻勾出基本轮廓线，将近、中、远三层次肯定下来，主体部分画得略仔细些，大面暗部也可以轻疏排线示出。

　　2. 涂大面的基本色调：仔细观察与比较，先从最亮的大面开始，逐步加深，决定各大面的色彩基调时用大笔涂抹，画出各大面色彩的变化。完成后审视一下彼此的轻重关系、色彩关系是否协调准确，不足之处可再补涂局部大面。切忌只顾一点、不顾大局的"求疵"画法。

　　3. 深入刻画：在各大面已涂好色调的基础上，进一步用层加法刻画，由浅入深，由大面到小面。此阶段用笔、上色要慎重、肯定、有效，多次涂改会使画面灰暗、呆滞，失去水彩的特性。如必须修改，可用海绵蘸清水洗去不要的颜色，待画面干后再画。

　　4. 画面调整：综观全局，审视画面色彩是否调和，主次关系是否明确，近、中、远三景关系是否处理到位。此阶段还可作局部修改与调整。

　　自然界的景物是多种多样、千变万化的，选择题材时要在感受的基础上提炼出需要表达的内容，并有一个消化、过滤的过程，将主体明确下来。周围环境的删减、挪移都是必不可少的思考过程，最重要的是营造怎样的画意。日本艺术理论家黑田明信曾说"艺术是以心传心的"，我们说"境由心造"，因此，在写生前，得先体会"诗情画意"，从"触景生情""与景对话"直到"情景交融"这种境界。素描训练中强调的观察、感受、理解、表现的画前过程，在进行水彩写生时同样需要。由于水彩覆盖性差且不宜修改，干湿作画的效果不同，所以，作画过程的严谨和事先的酝酿是必须重视的。所谓"胸有成竹""意在笔先"在水彩作画的过程中更具重要性。

　　综上所述，水彩画这一画种表现技法极为多样，在运用过程中要合理、恰当，因为它只是一种手段，而不是目的，毕竟好的作品主要是靠画家对生活、对自然的感悟以及高尚的审美情操和熟练的表现技法等综合因素而获得的。

画法步骤图解

步骤图解例一／姑苏西园

江南园林多以玲珑剔透、含蓄多变、以小见大而为世人所欣赏。这幅西园一隅图是落日尚未完全消失,尚留余晖映照在树丛、建筑上的景象,金黄色的阳光洒满地面,背光墙体与地面阴影将远处的树林衬托得更为醒目亮丽,很自然地形成了画面中心。

步骤一　起稿打轮廓

构图、勾轮廓。这一步决定视平线的高低位置。远处的墙为画面中心,地面与房屋的透视线渐渐消失于远方,将各个细部结构轻轻勾出,完成整个画面的形体轮廓。

步骤二　铺大面色调

将天空、墙体、地面、树丛涂上基本色调,有变化部分可用接色法画成。

步骤三　深入刻画

对已铺成的多面色调再审视一下,有不足之处尚可层加修改,以完成画面的整体效果。

步骤四　调整完成

在各大面的色彩铺垫完成后,审视各部分的色彩关系表现得是否准确,冷暖关系是否恰当,主体与客体关系是否分开,在此阶段可做最后调整。

步骤图解例二 / 绍兴水街

弯弯的河道迂回于古都绍兴城。傍水民居鳞次栉比、绵延不断，捣衣声、叫卖声以及"咿呀"而过的摇橹声不绝于耳，奏响了这江南独有的水乡风情曲。美哉！江南！

步骤二　涂大面色调

将各大面铺上基本色调，强调主体部分的色彩与明暗对比，远处先罩上一层浅灰色，使之推远过去，再用清水涂上天空。用蓝色画出部分天空，留出白云，使蓝天与白云交接处的轮廓滋润而自然。

步骤一　起稿打轮廓

构图，勾轮廓。选择依傍小河的白墙青瓦的小楼民居为画面主体，沿着透视走向，远处的房屋依稀可见，近处水面安置了一叶小舟以打破墙基与水乡的单调直线感。

步骤三　深入刻画完成

用叠加法深入刻画各大面的细部。

步骤图解例三／翁山屏山村

皖南村镇的民居建筑因势而造。粉墙、黛瓦、木门、石基为其基本元素，很有绘画性。这幅画面就是取材于此。

翁山屏山村

步骤一　起稿打轮廓

先勾轮廓。围墙、门斗作为画面中心，石板桥、草地及远山树丛为陪衬，烘托环境气氛。门斗安置偏右，使围墙有舒展余地。视平线定在常人视觉高度。桥面宜较完整画出。

步骤二　涂大面色调

将各大面涂上基本色调，屋顶、门斗宜色彩鲜明，对比强烈。桥面受天光反射宜画亮，树木草丛可画深暗，涂成基本色调与明暗关系。

步骤三　深入刻画完成

深入层加刻画门斗、石桥的各个细部与纹理结构。屋后树木、屋顶待天空涂成后再画。环视整个画面，主体是否突出，该虚化部分是否虚化，画面色彩是否有不协调之处，此阶段尚可做最后调整。

水彩作品

雨中行

    远山、近树、小舟、沃土都沉浸在烟雨之中，形成一个统一的青灰色调。远处的烟雾及水面反光是这幅画成功与否的重要因素，它不仅是构图上距离感的需要，更是这幅画的气韵所在。整个过程在湿纸上进行，并在画面将干之时喷上水雾，一幅雨中行的画面便产生了。

蒸蒸日上

　　高楼平地而起，地面的雾汽尚未散去，工人们又开始了一天的辛勤劳动。井架上的建筑材料、地面堆砌的黄沙和推车都点缀着这蒸蒸日上的工地景象。这是清晨的景象，要将远近的空气感尽量表现出来，朦胧远景，淡化次要部分，以使建筑更为突出，色调偏暖以强调曙光即将来临。

小镇

　　清晨的天空初泛鱼肚白，而石桥、石阶、房屋、木柱等都处于冷暗的背光中，没有阳光色，因此天光照到的部分也是冷色，只是明度变化明显。这幅作品刻画深入细致，使观者如身临其境，多用层加法画成。

沈园

古庭院野草丛生，只有重修的双亭屹立在假山之上，形成画面的中心。表现内容较复杂，特别是近处的地面和树丛，在落笔时先将最亮的树叶·地面涂上色，干后再画后面的深色树；枯萎的近树先画受光色，延伸向天空则逐步画深，这样更有空间感。主体的双亭用层加法完成，落笔肯定，不宜多改。

平野无边

　　"大江欲近风先冷,平野无边草亦愁",古诗中描述的"风冷""草愁"颇为凄凉,而今却不同。遥望远去的江面平静而舒展,金黄色的油菜花灿烂而耀眼,小船悠闲停泊,朵朵彩云自由飘荡,任意东西。面对如此美好的三月旷野,画意油然而生。最难描绘的近处油菜花,是用黄、绿、赭多种颜色湿接而成,最后洒上稀薄的黄色,任其渗透,自然活泼,春的喧闹也便跃然纸上了。最后补上几艘停泊的船只,更添耐人寻味的意境。

湖泊静静

　　夏日的富春江白天灼热难当，但到晚间渐渐凉爽，而次日的江面往往雾气蒸腾，为远山披上一层薄纱。具有江浙特色的一叶小舟停泊在江面，悠闲自得，倒影清晰可见，垂下的几枝柳条将远山的横线打破并与小舟的孤独相呼应。小舟是用层加法画出，其他部分皆用湿画进行，远山是用清水干笔洗出来的，画中境界以"静"体现，所以船的倒影也要画得清晰，波纹不宜太多太长。

绿荫深处

　　半掩半现的沿河小屋在大片绿荫和荷塘浮萍的环绕中跃入眼帘，除光线的作用外，画家的主观意向也不可少。奇特的构图令人视点集中、主体明确，如果没有白墙、红门与绿树的冷暖相映，大小与面积的对比是不可能达到此效果的。写生时多注意绿色的变化与节奏，干湿并用。荷塘部分先将浮萍画成，再调深绿色以横向用笔画出水面，注意深浅的变化。

小镇之冬

　　用强烈的虚实手法将视线集中于画面右边的民屋、小桥、枯树及远去的小街，都统一在陈旧、清寂的色调之中，把静谧、幽闭的冬日小镇刻画得很到位。左边的墙面留下大片的空白，寥寥几笔树枝和落款令画面显得均衡。

春雨

　　美丽的江南, 只要你用心就会发现醉人的风景。春雨过后, 一切景物都显得飘忽朦胧, 粼粼水波将成排的树木倒映其中; 散落的几点油菜花将"春雨贵如油"的意境表达得淋漓尽致; 天空的云层渐渐淡化散开, 一排小舟即将撑篙而行。画时先将纸张全部浸湿, 可以留点积水待涂色时让其自然流淌渗透。油菜花可等底色画成后, 用笔蘸上含有较多水分的黄颜色洒上去。

海蓝蓝

　　点点白帆远去天际，阵阵海风掠过辽阔的海面，海浪拍打着近岸的礁石溅起无数的浪花。石屋与矮墙是渔民生活的痕迹，深绿色的渔网旁是两位晒网的渔民，几叶小舟避风而歇，这一切构成的画面，也给寂静单调的海湾一角带来了生活的气息。构图上将天空留得很少，以使海面更有"孤帆远影碧空尽"的意境；深蓝色的海面是主宰画面的基本色调，需有变化；击岸的浪花用笔松动，还可以用干笔擦出浪花；礁石、石屋、矮墙则是用多次层加法完成的，可涂一层基色后逐步深入。

九华山居

　　赭红的板墙、青灰的屋面、数根月梁木柱营造了这栋颇具特色的山间建筑。门前的大院高出山道通向山下；石砌的平台和石凳与建筑形成了强烈的色彩与明暗对比。画家遵循"外师造化，中得心源"之论，将右墙淡化，远树模糊，色彩偏冷，种种艺术的加工使画面主次更为完整、明确。右下的石缝野草高出平台是为了打破平台直线的单调感。

曙光乍泄

　　清晨的小巷忽有一线阳光照射进来，相对的两墙沐浴着阳光的上部交相辉映，而未受光照的下部却带冷色，与受光部形成冷暖对比；支撑墙体的木柱上挂着的几件衣服色彩很美，纵横交错的电线打破了两道垂直墙体的轮廓。见景生情，画家即兴快速地画出当时的情景。抓住了主次关系，小弄的地面没做过多描述，精力放在描绘墙体的"曙光乍泄"之感上。虚实有序，松紧自然。墙面用接色法由上往下完成，横木柱与衣服是最后画出的。

莫愁女

　　亭亭而立，洁白如玉，一尊古代女子的半侧身雕像虽不见其容貌，却足以给人娴静端庄之感。
画家选取准确却又模糊的角度来成就画面中心，四周以暗调烘托，湖中白莲仰首而望，后面的长廊
建筑被虚化，使画面中心更集中。画时先将莫愁女塑造完成，再涂背景和层加建筑，对湖面的处理是
先涂清水再抹倒影暗部。

芦村

　　皖南的农村小镇是中国特有的风景。变化多样的民居建筑和人们赖以生存的浅河小溪，茂密的树丛，舒展的旷野，都是代代相传的历史文化积淀。画家用了两个大的空间将自然和生活的场景分开，将复杂多变的前景作为重点，而用简练的手法将小河画得明亮、流动，较好地表达了它们之间的整体关系。

黄浦江上

　　晴日的黄浦江面停靠着几艘船舶，微风吹拂掀起阵阵波涛，远处的铁桥和高层建筑高低平缓、舒展有致；近景是流动的江水衬托着画面的主体，几处洁白的色块更是给人带来丰富的想象空间。

雨雾金山

　　金山寺因为《白蛇传》而闻名于世，其傍山建筑更是高低错落、变化多端。远望高耸的宝塔不禁令人产生无限的遐想。用花岗岩砌筑的大平台敦厚、稳重；晨曦来临，雾气渐渐蒸发散去，将整个金山寺带入虚无缥缈的境地；撑着红伞的人扩大了遐想的空间。用笔饱含激情，尽情挥洒，才能表达此意境。天空画好，用清水涂上半部，笔干犹湿时完成建筑群，雨雾处可再涂一层清水，任上部的色彩流淌下来，待干后再画大平台。此时用普蓝、玫瑰红、深绿调成深暗色彩一次画成，未干时再刻画基座与台阶。

余晖

　　夕阳西下,太阳的余晖浸透了整个画面,温暖到了极致。各部分多用湿画法进行,河岸、绿树、小桥是用层加法逐步完成的,要注意树的层次,近深远淡。

柴房

　　画面的中心是这堵土墙，强烈的肌理感和堆放着的干柴在阳光的照射下，色彩醒目，形态多样，小院的破落也颇具表现力。画时用了多种笔法表现各自不同的对象；而在土墙的质感刻画上是先涂一层土墙色，其上再轻抹干蜡，最后用深色疾抹，便可达此效果，多用层加法刻画完成。

出钢

　　作品将钢厂的炽热气氛表现出来，并集中概括诸要素，组成了典型的场景。沸腾的钢水、灼热的炉火将整个车间烘烤得一片火红，所有的建筑框架似乎也在晃动，只有工人仍在全神贯注地观察钢水的冶炼情况，形态生动，并将观者的视点推向这灼热的冶炼平台。整个画面先用接色法涂满各个部分，再以湿画法逐步深入，操作的工人最后画上，注意大片暖色和背光部分的冷色关系要准确、协调。

南华古寺

　　南华古寺是我国重要的佛教圣地之一，佛教六祖的真身安置于此，中外游客、信徒络绎不绝前来拜谒。门前的参天古树是寺庙的年轮，门的造型代表了南方建筑的风格。沧海桑田、世事变迁，唯有寺庙是历史的见证者，写生时要抓住这种情怀，将此融入其中。题材描绘的重点是参天古木，需画得古朴、浑厚、深沉而层次分明。

江天初透

　　登高纵览，意气风发。用大写意手法将近树表现得飘忽自然，奇崛的山岩与其呼应，是一幅写意与写实相结合的绘画作品。用色以秋意暖色为主调，其他对象的色彩也向此靠拢，更具感染力。

雾行

　　雨停了，但意未尽，一片灰蒙蒙的带有湿味的空气笼罩着水乡河道，所有的轮廓模糊难辨，只有两只小船清晰可见，"咿呀"摇橹之声打破了短暂的沉寂。表现时，先将画纸全部涂湿，用湿画法完成，纸背趁湿未干时平贴在玻璃板上，这样可以延长纸张的潮湿时间，更易于作画。

凝秋

　　写意是作者通过对自然的深入观察与理解, 抒发情怀, 用高度概括、凝练的艺术语言来表达的一种艺术形式, 融情入景, 借景抒情。题材源于镇江甘露寺俯视长江, 金秋时节各种树木绚丽多彩, 风乍起, 吹落一片金黄, 情景交融。秋叶片片, 游者驻足观赏, 姿态各异, 岩下江水浮动, 泛起道道白光。采用大写意手法, 熟练运用水彩技法一气呵成。

浦东晨曲

　　东方明珠是上海国际大都市的城市标记。高耸入云的简洁造型和周围的空间环境很难融合在一起,因此将周围环境根据构图需要进行删减、重组。原本空旷的天空,用尚未散去的云层和星星、月亮来充实;较浓的雾气从地面蒸发,拉开了与远处建筑的距离感。东方的曙光温馨、亮丽,与暗处的平台形成了强烈的反差。画时注意用水的技法表现光、雾的气韵。石阶用笔肯定,远处可淡化、虚化。

朱家角石桥

　　以石桥为中心，将画面向四周展开。古镇的屋，古镇的桥，古镇的树，古镇的船，无不积淀了历史的惆怅与沧桑。在运用色彩时要抓住这一感受，在灰色调中求变化。同时，桥洞的远景要概括而有层次，不可烦琐。刻画的部分较多，但还是要从浅处着手逐步加深。天空的画法是先将彩云饱含水分涂上去，未干时用蓝色沿其周围衔接，用笔要自然，使朵朵彩云富有变化、滋润。亮的竹竿和桅杆皆是上第一遍色时画好，待干后再画后面的暗部。水中的波纹用横向笔触随意点缀，有轻重、大小、疏密变化。

古弄遗迹

　　三国时期曾为吴国都城的镇江，至今仍有一些令人赞叹的文化积淀。这双重过街的拱门是否为当时的遗迹呢？颇有意境的狭小弄堂拾级而上，路过两重拱门，两旁民居沿坡而筑……因光源不能照射进去，只在远处略高墙面有一线光感，画时要抓住这唯一的趣味中心，其他部分统一于一个近乎陈旧而富有变化的色调之中，肌理和斑驳之处是充分利用层加法的表现形式完成的。

乌镇晴日

　　艺术作品往往包含着对立与统一，绘画用形象来表达黑与白、冷与暖、高与低、虚与实……它们之间充满着矛盾的对立与统一。江南小镇，茅盾的故乡——乌镇，街上人群熙熙攘攘，摊位桌椅沿街而设，窗外挂着零星的衣裳，典型的水乡小镇跃入眼帘。右半边店铺的大厅阴影将受光的左边店面对比得绚丽明亮，一堵白色的圆拱墙半明半暗更是将晴日的感觉推向高潮。虽然在作画时用了最富表现暖光的色彩，但若没有大片的暗部对比也会逊色许多，画时将暗部统一涂上冷色调，干后再刻画，亮部透明华丽，投影要强调环境的反光作用。

冬雪

　　偶有零星雪花飘向水面, 积雪仍存, 清静中略带凄凉, 这是南方少见的雪景。受阳光照射, 景物画得比其他部分亮, 水面因积雪染上一片紫灰白色; 垂直面更深, 因积雪的对比显得较深暗。大片积雪部分除留白外, 还要考虑因雪的体积而产生的明暗色彩变化。整幅画面融于一个主调之中, 不能随意运用跳动的色块来打破这平静的画面。

乍浦渔湾

　　居住在海边的渔民每天都沐浴在带有咸味的潮湿空气中，光亮的天空中略带灰涩，即使有阳光照射，也是光影婆娑、摇曳不定，水彩的湿画法正能表现这种气息。远处的海平线已不能见，搁浅的船只成了画面的趣味中心，近岸的民居烘托出偌大的空间。白色的缆绳是事先用蜡笔划过而留下的痕迹。整个画面是将亮部色涂满天地，层加用色，同时运用湿接法，主调用玫瑰红、酞菁蓝、赭石、土黄调成。屋与船最后画出。

栖霞石塔

　　这是一座南宋石塔，国内已不多见，造型稳重、敦厚，质感很强。因年代久远，几经雷击，部分已损，却不乏残缺美。抓住石质灰暗的基调，宏伟的庙宇紧靠其后，近景中的游人与石塔形成大小对比。

浅滩

　　夕阳将海滩的水天染成一片，浅滩的泥沙被轻风吹拂，缓缓而动，时时泛起道道反光，还有半湿半干的泥沙，也是极具表现力的地方。这四艘小船原本散乱地堆在一起，画家将它们重新组织起来，选择了疏密有致、主次分明的构图。难画之处是泥滩，有湿有干，有面有块，只有仔细观察、深入理解才能较准确地表现出来。有些地方是用枯涩之笔干拖出来的。

周庄双桥

　　将主桥放在明显位置，用明度稍高的色彩画中景，将视线推向画面中心。旁边的桥、路、房屋、树等都归纳在大的灰调之中，这样处理画面既丰富又完整，中心也烘托出来了。

晴冬乍暖

　　白色的围墙在阳光的沐浴下温馨宜人，院内露出房屋的顶部和几株已带秋尽之感的枯叶树木，
只有路边的地上还有一些绿意，但丝毫没有冲淡深冬的意境。主调多用暖色，用朱红、熟褐、赭石、
草绿等调配，干湿画法同时并用。

归雁

　　这是一幅典型的写意之作，将对大自然的深入观察与理解融入典型的形象之中。利用流畅的水分和多种技巧将此景表现得很有层次，飞雪漫舞，雁声阵阵，寂静间徒增几分凄凉感，这点睛之笔将画中意境表现得准确透彻，客观的"景"与作者主观的"情"交融在一起，弹奏出一曲大自然的和谐乐章。

河畔桃花

　　上海郊县嘉定，20世纪60年代前是一座很有代表性的水乡城镇，现已保存不多。特别喜欢夹河两岸鳞次栉比的民间建筑，高低错落，造型丰富，两岸的生活用具，也尽收眼底。水上船只穿梭不息，摇橹声，水拍驳岸声，偶尔夹着一些叫卖声，活脱脱地组成了一幅水乡风情画，大有"晴虹桥影出，秋雁橹声来"的诗情画意。用暖灰的调子来衬托桃花盛开的情景是这幅画作的初衷。

朱家角的早晨

　　开阔的江面，一座五孔大桥横贯其中；朝霞渐露，将周围披上了一层红色的外衣，江面波光粼
粼，只有没被照到的码头似乎还在昏睡中，渔民的小船已升起了袅袅炊烟……用较短的时间画成这
瞬息即变的景象，难度较大，注意大空间的表现技法，色调调配准确，层加法和湿画法需灵活运用。

朝霞

　　水巷的景致错落多变，紧凑而衔接有序，又有景随步移的效果，早晨和傍晚时分景色变化更大。这幅画是清晨漫步周庄桥楼前所见"朝霞披着红色的外衣向我们走来"的景象。暗部控制了大部分画面，仅留的一小部分受阳光的照射，却能引发观者的兴趣。冷暖与明暗的对比始终是艺术表现的基本要素。

桥楼

　　桥楼建筑独特的建筑形式,现在已不多见,而这座桥楼保存完好,拾级而上的石阶与四周的商店建筑在形式上产生了丰富的变化。左边的店面是主要的刻画对象,色彩丰富,表现细腻。作画过程中多用层加法,先将亮面铺色,待纸干后再逐步加深,石阶的表现用笔要自然、肯定,注意色的冷暖变化。